10
RULES,
100
COORDINATES

穿搭黄金法则

10 条时尚法则，100 种穿搭造型

〔日〕村山佳世子◇著　赵百灵◇译

南海出版公司

2020 · 海口

序言

"到底有没有永不过时的衣服呢?"在做造型师的期间,我经常被问到这个问题。

时尚本身就是"潮流"的意思。我的主要服务对象是女性时尚杂志,它们的使命就是推出一批潮流服饰后,再继续追逐新的潮流。

穿上新衣服,感受到一种无法通过其他方式获取的愉悦感,这是属于女性的特权,也是追求时尚的趣味所在。

但是,在享受潮流带来的乐趣的同时,追求时尚的女性也会萌生一些不一样的想法。区别于那些穿了一季后就被抛到脑后的服饰,她们想拥有一些永不过时的服饰。

我也是其中的一员。

在成为独立造型师后的二十五年间,我服务于《non·no》《MORE》《BAILA》《LEE》《Marisol》《éclat》等定位不同年龄段的时尚杂志,打造了数不胜数的时尚造型。

在这期间，我发现确实存在永不过时的衣服，通过定位自己的时尚风格，就可以找到属于自己的永不过时的衣饰。

另外，掌握"永不过时的时尚法则"，可以帮助你更快地定位自己的时尚风格。

在本书中我提出了 10 条永不过时的时尚法则，并介绍了围绕这些法则衍生出来的 100 种造型。

非常期待这些内容能帮你找到属于自己的"永不过时的时尚"。

目录 Contents

Kayoko Murayama
10 RULES, 100 COORDINATES

Part 2 永不过时的时尚技巧

永不过时的
10 条时尚法则和
100 种造型

时尚分为不同的方向，

在我的造型理念中，"基本款"是一切的根基。

我在本书中提出的时尚法则和造型都是以该理念为大前提的。

希望这些内容能帮助你找到属于自己的

"永不过时的时尚"。

1

找到一件你心目中的最强风衣

风衣
Trench coat

假如要我把现有的衣服全部处理掉，
再用一些永不过时的衣服重新填满衣柜，
那我的首选毫无争议就是——风衣。

〔从左至右〕

‣ DRIES VAN NOTEN

‣ BURBERRY

‣ green

永不过时服饰的代表——风衣

　　此次创作，需要用自己的衣服打造 100 款造型，借此机会我重新审视了自己的衣柜。我家并没有所谓的衣帽间，所有的衣服都收纳在卧室的衣柜中。我的服装数量在以时尚为职业的人中属于相对较少的。即便如此，风衣在我的衣柜中依然占有较大比例。从早春初秋时穿着的薄款风衣，到有衬里的冬款风衣，再到穿着频率较高的米色风衣，加之黑色、黄褐色等款式，一共有七八件。你听到后大概会感慨"不愧是造型师啊，服装数量确实不少呢"，但是要知道这些衣服其实是二十多年积攒下来的。

　　这七八件风衣中，有几件好几年都没有穿过了。不过我曾经有一件风衣，也是多年未穿，但突然某一年又变成了主打款。因为有过这样的经历，所以我并不会因为一时的不喜欢而将衣服处理掉。

　　虽然风衣的廓形（silhouette）会随着季节有所变化，但风衣设计的基本元素是不会变的。另外风衣的设计完成度之高也是其他任何服饰都难以企及的。因此，二十年前的风衣会在十年前重新流行起来。在我看来，风衣就是永不过时服饰的代表。

　　那么，哪种款式的风衣才有资格成为"永不过时的风衣"呢？我把它们大致分成了三种类型。

第一种是肩宽和衣长都与体型高度吻合的基本款风衣。因为该款式不容易受潮流影响，所以如果你只想买一件风衣，那么这款就是必备款。

第二种是比基本款风衣的尺寸大两码的 Oversize 风衣。Oversize 相比合身尺码更能呈现自然的时尚感，是适合时尚达人的款式。风衣内还可以搭配薄外套，因此隆冬时节也可以穿着，这也是该款式的优点之一。

第三种是在基本款的基础上稍加设计的变形风衣，如大领、长款、带有褶边等款式。常规的米色款之外的黑色、藏青色、黄褐色等其他颜色的风衣也属于此类。那些觉得自己不适合穿风衣的人士，我推荐可以尝试一下此类风衣。

这三种类型中，想必一定有一种符合你的品味。接下来，如果可以找到你心目中最强的一款风衣，它一定会成为你珍爱一生的衣服。

从下一页开始我将介绍 10 款用这三个类型的风衣精心打造的造型。

Coordinate

/001

这件基本款风衣有些年头了，有几年它是我的主打款，有几年我一次也没穿过。
T恤、裤子，搭配匡威帆布鞋，看起来毫无特色的搭配，套上这件风衣后却显得十分利落。
就从非常符合我个性的男性化造型开始讲解吧。

外套：green
开衫：Maison Margiela
T恤：DOUBLE RL
裤子：DRIES VAN NOTEN
皮包：HERMÈS
托特包：GRANITE GEAR
眼镜：EYEVAN 7285
鞋：CONVERSE

风衣有很多适合搭配的单品，可以将它们统称为风衣的"好搭档"，牛仔裤和红色单品都是其中之一。
在穿上由风衣和它的"好搭档"组成的造型后，我的心情就会平静下来。

———

外套：green　**针织衫、手镯**：CÉLINE
牛仔裤：LEVI'S　**包**：GRANITE GEAR
鞋：Repetto

这款风衣可以敞开穿着也可以系上腰带，两种穿着方式我都很喜欢。不过我个人不喜欢勒紧腰带，松松系上即可。
如果腰带系在较高的位置，这款休闲风造型可能会偏向戏剧型风格。

———

外套：green　**针织衫**：Maison Margiela
衬衫：THE IRON　**裤子**：GUNG HO
包：HERMÈS　**围巾**：NIMNIMDUAI
鞋：Rupert Sanderson

设计这款造型并没有什么特殊的目的，纯粹是因为很享受从风衣的领口把帽子掏出来的过程，我觉得这样很可爱。
我选择了白色卫衣，打造基础色配色。推荐成熟女性尝试一下此款造型。

外套：BURBERRY　卫衣：ATON
衬衫：DRIES VAN NOTEN
眼镜：OLIVER PEOPLES
包：LOUIS VUITTON
袜子：Fukuske　鞋：SARTORE

以前，人们对风衣的定义是一种在早春和初秋季节更替时穿着的外套。不过近年来，我在隆冬时节也穿过很多次风衣。
因为在风衣内再穿一件西装外套也不会显得臃肿。这正是 Oversize 风衣的优点之一。

外套：BURBERRY　西装外套：YLÈVE
针织衫：Maison Margiela　牛仔裤：RE/DONE
托特包：Drawer　皮包：HERMÈS
鞋：GUCCI

/006

/007

米色高领毛衣加上飘逸的裙子，和右边的造型
对比一下，会觉得这款搭配非常女性化。
但不知为何又给人一种十分英气的感觉。可能
这就是将风衣作为搭配主角才能呈现的出人意
料的效果吧。

外套：BURBERRY　针织衫：Drawer
衬衫：DRIES VAN NOTEN
手提包、手链：HERMÈS
托特包：Poilâne　鞋：Repetto

珍珠和草编包也是风衣的"好搭档"。
V领针织衫和藏蓝色裤子的组合，乍一看像是男
性化风格的搭配，但加上珍珠和草编包后便注
入了女人味。

外套：BURBERRY　针织衫：J.Crew
T恤：three dots　裤子：DRIES VAN NOTEN
墨镜：OLIVER PEOPLES　项链：TASAKI
包：HOUSE OF LOTUS　鞋：CONVERSE

常穿的横条纹上衣和版型独特的风衣搭配在一起，给人焕然一新之感。
在领口、袖口和袜子处露出一抹白色，为这款冬季穿搭增添一丝透气感。

这件风衣是我的一款变形风衣，衣领和袖子较大，板型独特。每个人的喜好不同，可能有人更喜欢甜美风的细节设计。
依照个人喜欢的风格来选择变形风衣附加的细节设计，这就是第三种变形风衣的选择法则。

外套：DRIES VAN NOTEN　羽绒服：PYRENEX
条纹 T 恤：SAINT JAMES
裤子：THE SHINZONE
包：SENSI STUDIO　丝巾：HERMÈS
袜子：BLEUFORÊT　鞋：JOSEPH CHEANEY

外套：DRIES VAN NOTEN
针织衫：POLO RALPH LAUREN
裤子：Maison Margiela　腰带：J&M DAVIDSON
包：CÉLINE　墨镜：Ray-Ban
鞋：SAINT LAURENT

简洁的针织衫与裤子，再随意套上一件风衣，这就是我每年冬天最常见的造型。

不过，归根结底风衣里面搭配什么其实没那么重要。因为只要穿上你心目中最强的那件风衣，你整个人都会自信起来。

外套：DRIES VAN NOTEN
针织衫、手镯：CÉLINE
T恤：SLOANE
裤子：STELLA McCARTNEY
墨镜：OLIVER PEOPLES
包：HERMÈS

让白T恤成为四季必备单品

白 T 恤
White T-shirt

我希望大家不要只在夏天穿白T恤，
冬季也不妨多给白T恤一些出场的机会。
毋庸置疑，白T恤的实用性很强，
但它也是
打造永不过时的时尚风格不可或缺的元素。

▸ **Hanes**

夏天必备，冬天内搭的百搭单品——白T恤

每年夏天到来的时候，各大女性时尚杂志都会一窝蜂地推出"T恤特辑"。不仅是面向年轻人的杂志，就连目标人群为四十岁或五十岁的时尚杂志，这也已经是常态了。对我而言，简单的休闲风单品——T恤能够备受关注是一件特别值得开心的事情。因为在二十五年前我还没有成为造型师的时候，T恤对于女性来说最多算是时尚舞台的"配角"，现在它升级成"主角"，成了时尚亮点，让人不禁感叹真是美好的时代啊。

在所有T恤中，白T恤是鹤立鸡群般特别的存在。毋庸置疑，白T恤扮演着夏天时尚舞台的主角，不过对我而言，白T恤在秋冬时节也是不可或缺的——可以将它穿在夹克或开衫内当作内搭，或者套在针织衫内，在颈部或下摆处露出一点，总之它是通勤搭配和休闲搭配中都能出场的百搭神器。

除了一年四季方便百搭这个优点外，我认为白T恤还有一个非常重要的作用。如果有杂志社委托我将"以白T恤为主角的当季穿搭"作为主题打造时尚造型，针对不同的两位模特，我会选择完全不同的两款白T恤，打造出截然不同的造型。服装是可以凸显人的个性特色，使人看起来更好看的工具。我可以根据自身或不同的造型对象选择适合的服饰及造型。白T恤是必备的单品之一，它就像是可以染上任何

颜色的雪白的油画布，与其他服装搭配就可以打造出凸显造型对象个性的时尚造型。

也就是说，白 T 恤是展示独特个性和时尚风格，甚至是打造理想女性形象时最合适的单品。因此，不仅在夏季，春夏秋冬一年四季我们都可以穿白 T 恤，在此期间寻找属于自己的独特的白 T 恤搭配方式。我认为这就是，如何找到"永不过时的时尚"的其中一个答案。

本书中选用了不同款式的白 T 恤，按照夏季和秋季分别设计了不同的造型。我会配合不同的造型介绍每款 T 恤的特点，希望可以帮助你找到最适合你的那一件白 T 恤。

白 T 恤造型

Coordinate

/011

提到白 T 恤，很多人第一个想到的
就是 Hanes。它家的 T 恤像施了魔
法一样，可以很好地配合不同的个
性，最大程度地凸显个人风格。
我选择 Hanes 的白 T 恤，打造了属
于自己的独一无二的"村山佳世子"
风格，作为我夏季造型的代表。

T 恤：Hanes
裤子：DRIES VAN NOTEN
开衫：Maison Margiela
帽子：SENSI STUDIO
腰带：Puntovita
包：BLAMINK
鞋：CÉLINE

/012

可能以前这类造型会搭配白衬衫，
不过现在我使用的是简约的白T
恤，它比白衬衫更合适。
作为冬天内搭时，建议选择窄边圆
领T恤，这样更能凸显高级感，也
更好看。

T恤：Ron Herman × FilMelange
外套：CÉLINE
开衫：SLOANE
裤子：Maison Margiela
手提包、手链：HERMÈS
腰带：J&M DAVIDSON
鞋：CONVERSE

013　　　014

盛夏时节出门，我很少只穿一件白T恤，为避免日晒和空调过冷一般都会搭衬衫、围巾或开衫。搭配衬衫时，我会选择更有女人味的、领口较大的低领款T恤。

白T恤是非常适合搭配夏季款长裙的单品。推荐选择稍微厚一点的运动风T恤，与女性化的裙子混搭在一起，使这种"一件上装 × 一件下装"的组合呈现出更好的效果。

T恤：J.Crew　衬衫：RALPH LAUREN
牛仔裤：CITIZENS of HUMANITY
墨镜：OLIVER PEOPLES
手镯：HERMÈS　包：HOUSE of LOTUS
鞋：JOSEPH CHEANEY

T恤：HYKE　衬衫：DRIES VAN NOTEN
包：Poilâne　围巾：dosa
手镯：CÉLINE　鞋：CONVERSE

/015   /016

如果担心只穿一件很薄的白T恤太清透，可以
将其作为背带裤的内搭。不仅更有熟女气质，
还起到了遮挡上臂的作用。
这款假日穿搭方案，让休息时间时尚也不缺席。

T恤、开衫：SLOANE
连体裤：OZMA
包：Hervé Chapelier
手镯：HERMÈS　鞋：Maison Margiela

如果不太喜欢以白T恤为主角的穿搭方案，不
妨尝试一下SAINT JAMES的七分袖T恤，穿上的
感觉类似针织衫。
搭配随风摆动的长裙，流露出浪漫的法式风情。

T恤：SAINT JAMES
衬衫：BLACK CRANE
开衫：SLOANE　包：BLAMINK
手镯：CÉLINE　鞋：CONVERSE × MHL.

/017 /018

自从我开始憧憬外国明星在街拍照片中的样子，羊皮或毛皮外套下穿上一件白 T 恤的造型，就成了我心目中理想的女性形象。
不过这款造型应该更偏向男性化风格。本款中选用的是略有光泽的白 T 恤。

T 恤：HAUNT　外套：CÉLINE
裤子：DRIES VAN NOTEN　围巾：dosa
腰带：J&M DAVIDSON　包：LL.Bean
袜子：Fukuske　鞋：J.M. WESTON

这款造型方案中选择的是 three dots 的基本款 T 恤，在军用夹克（military jacket）下微微露出了一抹白色。
three dots 的白 T 恤虽然比 Hanes 的少了一些女人味，但风格百搭又不失甜美。

T 恤：three dots　夹克：HYKE
牛仔裙：DRIES VAN NOTEN
墨镜：OLIVER PEOPLES　包：HERMÈS
围巾：Johnstons　鞋：CONVERSE

/019

/020

我每年都会回购无印良品的长袖T恤。在简约的针织衫下套上一件白T恤，可以为平淡无奇的搭配增添特别之感。
这件白T恤是这款造型的关键所在，如果没有它就会差异立现。

在我的消费理念中，最高可以接受的T恤价格为"1万多日元（约700元人民币）"。稍贵一些的白T恤可以穿在西装外套里，也可以应对工作场合。如果穿着一件很棒的T恤能给我带来自信，那么我就认为这件商品十分划算。

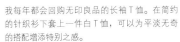

T恤：MUJI　针织衫：Maison Margiela
裤子、外套：HYKE　项链：no brand
包：HERMÈS　鞋：PELLICO

T恤：rag & bone/JEAN　西装外套：YLÈVE
裤子：DRIES VAN NOTEN
墨镜：OLIVER PEOPLES
项圈：ENASOLUNA sow　包：HOUSE OF LOTUS
围巾：SAINT LAURENT　鞋：CONVERSE

牛仔裤，越旧越有味道

牛仔裤
Denim

这本书的编辑问我，最好的牛仔裤是哪一款？
如果要求答案唯一，我是无论如何也答不出来的。
最好的牛仔裤因人而异，
这是我以造型师的经验给出的回答。

（从左至右）

▸ SERGE de bleu

▸ SAINT LAURENT

▸ LEVI'S

▸ AGOLDE

▸ RED CARD

对你而言一直舍不得扔掉的，就是最好的牛仔裤

时尚杂志的使命是引领最新的潮流，它们始终倡导"牛仔裤应该一季一换"。当然这种说法没什么问题，因为当季最流行的牛仔裤的确非常好看。作为参与策划女性杂志"牛仔裤特辑"的成员之一，我并不打算否定这种说法。

不过以前，流行紧身牛仔裤时人们就穿紧身牛仔裤，流行阔腿牛仔裤时人们就穿阔腿牛仔裤。曾经有段时间，时尚达人们如果没穿当季流行的牛仔裤就会不好意思走上街头。不过现在是百花齐放的时代，即使在流行紧身牛仔裤时穿阔腿牛仔裤，或在流行高腰牛仔裤时穿低腰牛仔裤，只要穿起来好看就都无所谓。

所以，穿起来好看与否才是问题的关键。穿上当季的牛仔裤看起来非常时尚，因此乍一看让人觉得这样好看。但是，如果当季的牛仔裤根本就不适合自己，那就事与愿违了。其实，稍微不那么流行的牛仔裤也可以是时尚的，因为穿得越自信才会越好看。

如果你的衣柜里有一条一直舍不得扔掉的牛仔裤，那么对你而言它就是最好的牛仔裤。即使那条牛仔裤已经很旧了，也请自信地穿出去吧。另外牛仔裤的搭配切忌休闲风，不妨尝试一下雅致风。在接下来将要介绍的 10 款造型中，我特意没有加入 T 恤或帆布鞋等休闲风单品。大多数人会倾向于"牛仔裤＝休闲风"，但其实导致牛仔裤搭

配失败的第一大原因就是，在搭配时加入了过多的休闲元素。

不过，成熟女性要注意的一点是——千万不要太浮夸，要注意"雅致"与"华丽"是完全不同的概念。

偶尔会遇到一些号称"绝对不穿牛仔裤"的成熟女性，我反而建议这样的女性更要尝试牛仔裤。因为牛仔裤不仅会让人看起来更年轻，还可以大幅提升时尚度。

我可以毫不犹豫地告诉你"牛仔裤越旧越有味道"。我想要改变那些对牛仔裤有偏见的人们的固有观念。我甚至可以断言：牛仔裤就是"永不过时的时尚"不可或缺的元素。

这款紧身直筒牛仔裤既适合喜欢牛仔裤的人，也适合不喜欢牛仔裤的人。
如果牛仔裤的颜色改为雅致的靛蓝色，造型更精致，更适合通勤。

牛仔裤：RED CARD
短衫：Ron Herman
外套：STELLA McCARTNEY
手镯：CÉLINE
包：CHANEL
鞋：Christian Louboutin

/022

/023

我特别为平时喜欢穿黑色雪纺衫和高跟鞋的偏保守人群推荐 LEVI'S 501 vintage 系列。
它们之间可以取长补短，是完美的搭配组合。

牛仔裤：LEVI'S　**短衫**：le graine
夹克：Theory　**丝巾、包**：HERMÈS
鞋：Rupert Sanderson

LEVI'S 501 系列是牛仔裤之王。
可能你已经注意到了，其实 501 系列并没有明显的风格，不过这正是这款牛仔裤的独特之处吧。
如果搭配衬衫，推荐正装衬衫（dress shirt）。

牛仔裤：LEVI'S
衬衫、手镯、包：CÉLINE
开衫：SLOANE
墨镜：OLIVER PEOPLES　**鞋**：GUCCI

在长款连衣裙下面搭配牛仔裤，可以大幅提升时尚度。
对自己下半身的体型不满意或很长时间不穿牛仔裤的人，建议从此款造型开始尝试。

————————

牛仔裤：AGOLDE　连衣裙：H/standard
西装外套：YLÈVE　项圈：ENASOLUNA sow
手镯：HERMÈS　包：SEAFOLLY
鞋：SAINT LAURENT

如果拿不准男性化风格的破洞牛仔裤的尺码，
建议选择宽松一些的。可以在自然感和高级感之间取得微妙的平衡。
建议搭配颜色鲜艳的上衣，这样可以有效地中和牛仔裤的休闲感。

————————

牛仔裤：AGOLDE　针织衫、开衫：SLOANE
手链：HERMÈS　腰带：J&M DAVIDSON
包：SEAFOLLY　鞋：CÉLINE

/026

/027

我非常喜欢这款驼色上衣与牛仔裤的组合，十足的熟女风但又不失可爱。
在搭配皮草外套时，可以用草编包和芭蕾鞋来中和一下，使其不显得过于华丽。

———————

牛仔裤：SAINT LAURENT **外套**：Drawer
T恤：Ron Herman **项链**：TIFFANY&Co.
包：HOUSE OF LOTUS
墨镜：OLIVER PEOPLES
鞋：Maison Margiela

牛仔喇叭裤在二十多年前曾风靡一时，最近又在年轻人中间迅速流行起来了。
我自己虽然目前还没有勇气重新穿起来，但已经将它列入未来的穿着计划了。
这款造型搭配了长款针织衫，更显身材修长。

———————

牛仔裤：SAINT LAURENT **开衫**：YLÈVE
衬衫：DRIES VAN NOTEN **帽子**：Borsalino
包：MAISON NH PARIS **手镯**：CÉLINE
鞋：JOSEPH CHEANEY

这是一款"西装外套 × 阔腿牛仔裤"组合，我选择的搭配单品均为藏青色。
我在小型聚餐时会选择这款造型。
自由职业者没有着装要求，上班族可以在允许穿着休闲风上班的时候尝试一下此造型！

牛仔裤：SERGE de bleu
西装外套：MARGARET HOWELL
针织衫：Maison Margiela　项链：no brand
手提包、丝巾：HERMÈS　鞋：PELLICO

阔腿牛仔裤搭配西装外套的复古风造型可能会让人联想到简·柏金 (Jane Birkin)。
"西装外套 × 牛仔裤"简直是殿堂级的经典组合。

牛仔裤：SERGE de bleu　西装外套：YLÈVE
针织衫：SLOANE　眼镜：OLIVER PEOPLES
包：HERMÈS　手套：no brand
鞋：Maison Margiela

这款牛仔裤也出现在了 021 造型方案中，它是我最近常穿的一款。

非常适合搭配乐福鞋（loafer）等男鞋。如果想要靓丽一些，可以搭配一双浅口高跟鞋，想要可爱一些则可选择芭蕾鞋。

总之，可以用鞋的风格来调整造型风格。

牛仔裤： RED CARD
外套： CÉLINE
开衫： Maison Margiela
眼镜： EYEVAN 7285
包： HERMÈS
鞋： JIL SANDER

米色＜领针织衫，呈现极致的女性之美

米色 V 领针织衫
Beige V-knit

如果把这件衣服单独叠放在一处，看上去十分低调，
甚至有点像男装。想必你一定会怀疑，
就凭这件衣服怎么可能"呈现极致的女性之美"？！

▸ **SLOANE**

衣服被穿上后才能激发出来的极致女性之美

如果你从本书的开头读到这里，可能已经注意到我十分推崇简约的造型风格。可能有人会觉得这种风格过于朴素，不过我确实更擅长男性化风格的造型，而非接受度更高的女性化风格。想必从我这种造型师口中说出"极致的女性之美"，会有很多人不太理解吧。

一些平淡无奇、看起来十分简单的衣服，在被女性穿上身后，才会衬托出女性魅力。我的很多造型都在试图唤醒这种不经意的女性魅力。因为我认为这远比大胆地袒露肌肤，抑或是穿着鲜艳的衣服，更加接近女性魅力的本质。简单的米色 V 领针织衫，就是最适合激发这种不经意的女性魅力的衣服。

提出如上看法，可能很多人会反驳，"米色？不可能吧？会让肤色看起来很暗淡啊！"和牛仔裤一样，米色衣服也是很多人坚决拒绝的一类。但是，我认为只要克服顽固的偏执，对"不可能"说不，才能真正掌握永不过时的时尚品味。

一些觉得米色衣服很难驾驭的人，是不是选错了颜色呢？其实米色既有接近灰白色的浅色调，也有接近棕色的深色调，是一种色彩范围很广的颜色。因此一定有一种色调能更好地衬托你的肤色，所以一定不要放弃，去寻找适合你的米色吧。

右侧这件是本次用于搭配造型的针织衫。驼色适合偏白肤色的人，粉米色适合肤色偏黑的人。

　　另外，与坚硬的黑色或藏青色相比，米色可以更好地营造女性化的气息或韵味。灰色也有类似的效果，但米色更亮丽一些。另外，V字形的上衣领口可以增加透气感，有助于凸显米色的亮丽感。

　　米色衣服的另一个优点是十分百搭，可以和任何裤装、裙装都很好地搭配。本次选择了可以更好地映衬亚洲人肤色的偏红米色针织衫，设计了休闲风和雅致风两组各5款造型。你可以在阅读下文的同时，尽情想象穿上这些衣服所展现出来的独特的女性魅力。

米色 V 领针织衫造型

Coordinate

/031

下雨时通常会穿黑色衣服。
用米色 V 领针织衫中和黑色造型
的沉重感，好像连心情都明媚起
来了。
用不经意的女性魅力为这款纯
正的风雨天休闲造型增添一抹
亮色。

针织衫：SLOANE
束腰夹克：patagonia
牛仔裤：RED CARD
腰带：HERMÈS
包：Down to Earth
鞋：BIRD SHOP

032

这款与上一款同为黑色调，但呈
现的却是工作日的雅致风。
硬朗的机车夹克搭配上米色 V 领
针织衫后，也能彰显女人味。
同时搭配了一条项链，小颗钻石
点缀在颈间。

针织衫：SLOANE
夹克：BALENCIAGA
裙子：DRIES VAN NOTEN
项链：TIFFANY & Co.
手提包、丝巾：HERMÈS
墨镜：OLIVER PEOPLES
鞋：JM.WESTON

男性化的工装裤适合与甜美风的上衣搭配，现在已经是常识性的着装法则了。
如果搭配米色 V 领针织衫，这种不经意间凸显女性魅力的单品，应该可以穿出新鲜的感觉吧。

针织衫：SLOANE　裤子：HYKE
外套：DRIES VAN NOTEN
项链：HARRY WINSTON
包：HERMÈS　手镯：CÉLINE
鞋：Porselli

为了避免休闲风的痕迹过重，在牛仔裤系列中我刻意避开了"牛仔裤 × 白 T 恤 × 帆布鞋"的组合。
不过为了呈现米色 V 领针织衫特有的女人味，我特意在本章中选择了这一款组合。

针织衫：SLOANE　T恤：VONDEL
牛仔裤：RE/DONE　眼镜：EYEVAN 7285
包：BLAMINK　手镯：HERMÈS
鞋：CONVERSE

/035

牛仔夹克是我非常钟爱的单品，但它与白T恤搭配会偏男性化，与横条纹搭配则会显得过于突兀，是非常难搭配的单品。
即便其他单品都有些男性化，但加上米色V领针织衫后，整体的风格也会立刻柔和下来。

针织衫：SLOANE　牛仔夹克：HYKE
裤子：CÉLINE　围巾：Faliero Sarti
包：HERMÈS　鞋：J.M. WESTON

/036

这款米色的单色系搭配，尽显优雅柔和，是非常有格调的造型。
不过单色系配色也容易重点模糊，因此必须使用不同色调和面料的服饰。
卷在腰上的牛仔衬衫增加了整体造型的层次感。

针织衫：SLOANE
裤子：MARGARET HOWELL　衬衫：J.Crew
帽子：Borsalino　手镯：HERMÈS
包：HOUSE OF LOTUS　鞋：Repetto

Rule 4 米色V领针织衫，呈现极致的女性之美

在我的造型理念中，复古风是难以割舍的情怀。不过，不得不承认搭配不好就会显得过于朴素。这款造型中，我充分保留了格子裤的年代感，并用上半身的亮色适当加以调和。

由于女性化的上衣，更适合搭配裤装，因此本章的 10 款造型中有 8 款是裤装。

裙子造型有 2 款，一款是 032 的黑色紧身裙，另一款就是这件黄褐色的荷叶裙。虽然裙子为简约风，但整体效果很好，我非常喜欢。

针织衫：SLOANE   裤子：Maison Margiela
外套：STELLA McCARTNEY
腰带：J&M DAVIDSON   手表：ROLEX
墨镜：OLIVER PEOPLES
包：HERMÈS   鞋：J.M. WESTON

针织衫：SLOANE   裙子：DRIES VAN NOTEN
包：BOTTEGA VENETA
围巾：Faliero Sarti
手镯：HERMÈS   鞋：J.M. WESTON

/039

/040

胸前添加了一串适合与米色 V 领针织衫搭配在一起的珍珠项链。
如果将鞋子换成高跟鞋，这款造型也适用于正式场合。不过我还是选择了更符合我个人风格的匡威帆布鞋。

针织衫：SLOANE
西装外套、裤子：MARGARET HOWELL
项链：TASAKI　手提包、丝巾：HERMÈS
鞋：CONVERSE

036 的造型方案是休闲风的纯米色系造型，本款则选择接近棕色的深色调米色单品，打造雅致风的纯米色系造型。
腰带和手镯等金色饰品，为这款简约的搭配增添了一抹亮色。

针织衫：SLOANE　裤子：Ron Herman
西装外套：YLÈVE　腰带：Scye
包：LOUIS VUITTON　手镯：CÉLINE
袜子：Fukuske　鞋：JOSEPH CHEANEY

宽松款衬衫更百搭

宽松款衬衫
Big shirt

虽然我的衣柜中有很多珍爱多年的服饰，
但这其中并不包括衬衫。
现在，我已经完全拜倒在宽松款衬衫之下了，
因为它们极具时尚感和舒适度。

▸ **CÉLINE**

塞入腰间或露出下摆，造型多样，舒适百搭

在"断舍离"的风潮下，我的衣柜中反而塞满了旧衣服。我有很多穿了二十多年的风衣，这一点我在 Rule1 中也提到过，除了外套外，我还有很多穿了十年的下装和针织衫。我甚至断言，牛仔裤越旧越有味道。旧衣服的出场频率虽然没有新衣服高，但在我这里它们也并非全然废弃，仍然有很多华丽登场的机会。不过其中只有衬衫与其他单品情况不同。

我偏爱基本款服饰，其中当然也包括基本款衬衫。从年轻时开始，我就非常喜欢衬衫，我穿过白衬衫、棉麻衬衫、扣领衬衫等所有款式的衬衫。但是到了一定年纪后，那些我曾经钟爱的衬衫，却让我感觉到了紧绷感。可能是因为以舒适著称的 T 恤和针织衫等的流行，才将这种紧绷感凸显出来；也可能是由于年龄的增长，背部和手臂开始松弛的缘故。不管什么原因，总之每次穿衬衫都会让我产生一种疲惫感。

恰好这时候，出现了宽松款衬衫，并迅速在追逐时尚的女性中间流行起来。这种衬衫穿上后可以呈现自然的时尚感和独特的韵味，而且完全没有紧绷感。宽松的廓形可以保证身体在衬衫内自由活动，彰显女性窈窕的身形。在宽松款衬衫盛行时，时尚杂志也推出数不胜数的穿搭方案。在热潮退去后，我已经被宽松款衬衫征服了。我处理了衣柜中大多数的合身尺码衬衫，而且可以预见，未来五年甚至十年，

这种宽松款衬衫的一个优点就是带一点褶
皱反而更有独特的韵味。

我衣柜中的宽松款衬衫的数量仍会增加。

　　将宽松款衬衫塞入腰间或露出下摆，造型效果大相径庭，需要根据与下装的搭配效果决定穿着方式。目前还流行一种只将前身下摆塞入腰间的穿着方式，非常简单实用，你也不妨尝试一下。

　　本章节中，我选择了 5 款衬衫，分别介绍了塞入腰间和露出下摆两种不同的搭配方案。本书 p113 还详细介绍了衬衫的穿着技巧，供读者参考。

/041

我将以前钟爱的 RALPH LAUREN
扣领衬衫替换成了宽松款衬衫。
这款造型需要将衬衫的下摆塞到
宽大的长裙腰间。
两款宽松廓形服饰撞出了戏剧
性的效果。

衬衫：RALPH LAUREN
裙子：Deuxieme Classe
围巾：Glen Prince
包：HOUSE OF LOTUS
项链：TASAKI
鞋：Maison Margiela

这款造型选用的是基本款九分裤，衬衫下摆露在外面。
我的身高为 162cm，不高也不矮的身材非常适合这样的穿搭效果。
不过为了活动自如并展露自然的时尚感，需要将袖子挽起来。

衬衫：RALPH LAUREN
裤子：Maison Margiela
手镯：CÉLINE
包：HERMÈS
鞋：CONVERSE

这款造型，可以将衬衫像开衫一样直接敞开套在条纹上衣外，也可以像围巾一样将衬衫披在肩上。
宽松款衬衫稍有褶皱也没关系，我非常喜欢它的这个特点。

衬衫：MADISONBLUE
条纹上衣：SAINT JAMES
裤子：SERGE de bleu　包：SENSI STUDIO
丝巾：HERMÈS　鞋：CONVERSE

MADISONBLUE 的粗棉布衬衫是引领宽松款衬衫潮流的先锋之一。我在第一次宽松款衬衫风潮兴起时就买了一件，现在仍然时常穿着。
将衬衫塞入裙子内，随着身体的活动，造型可能会走样，我十分期待这种自然的变化。

衬衫：MADISONBLUE
裙子：DRIES VAN NOTEN
丝巾、手镯：HERMÈS　包：CÉLINE
鞋：Church's

/045

/046

女性朋友们，你们一定也有那么几天不想将腰部露出来吧？这时候，让宽松款衬衫露出下摆，再将开衫缠在腰上就好了。
这款造型还有一个搭配要点，就是要选择紧身下装。

"衬衫 × 阔腿裤"的经典组合非常适合上班时穿着，将衬衫替换成宽松款，可以更好地彰显女人味。
为了整体效果更好，一定要将衬衫松松地塞入腰间。

衬衫：DRIES VAN NOTEN　T恤：J.Crew
牛仔裤：LEVI'S　开衫：SLOANE
眼镜：OLIVER PEOPLES
包：Hervé Chapelier　鞋：YOKO CHAN

衬衫：DRIES VAN NOTEN
裤子、手镯：CÉLINE
手提包、围巾：HERMÈS
腰带：J&M DAVIDSON　鞋：MANOLO BLAHNIK

047

048

这款造型使用了 042 中穿过的那条黑色九分裤，
搭配的是更宽松一些的衬衫。
搭配的要点是不要选择裤脚拖地的裤子，最好
是九分裤。露出脚踝可增加透气感，会让造型
的整体效果更好。

衬衫、手镯：CÉLINE　裤子：Maison Margiela
围巾：SAINT LAURENT　皮包：HERMÈS
托特包：Traditional Weatherwear
鞋：GUCCI

需要将卡其裤等休闲裤打造出雅致风效果时，
最便捷的方式就是搭配衬衫。
卡其裤搭配毫无紧绷感的蓝色条纹衬衫，既保
留了闲适的感觉，又完美地呈现了雅致的效果。

衬衫 CÉLINE　裤子：GUNG HO
手镯：HERMÈS　围巾：dosa
包：UNION　鞋：Repetto

/049

/050

如果衬衫侧边开叉，最简单的造型方式就是只将前身下摆塞入腰间。
再搭配与工装衬衫调性吻合的西部风腰带，就打造了这款适合外出游玩的造型。

衬衫：YLÈVE　裤子 Ron Herman
开衫：SLOANE　帽子：Borsalino
腰带：Puntovita　包：HERMÈS
鞋：CONVERSE × MHL.

在这款造型中，我选择了一款比基础款多一些装饰的白衬衫。
这款翻领衬衫的胸前设计了两个并排的口袋。
穿着时需要把衬衫下摆松松地塞入长裙腰间。

衬衫：YLÈVE　裙子：BLACK CRANE
夹克：HYKE　包：BLAMINK
手镯：HERMÈS　鞋：Maison Margiela

一周3SET之『针织衫 × 裤子』

针织衫 × 裤子
Knit & pants

虽然我的职业是造型师，不对，应该说正因为我是一名造型师，
所以并不会花太多的时间在自己的造型上。
不知从何时起我养成了"一周三天用同一套搭配"的习惯，
它帮我轻松搞定了每一天的造型。

▶ **Maison Margiela**

找到你"一周可以穿三天的基本款搭配"，提升你的时尚品味

大家都是什么时候开始思考当天的着装的呢？

如果前一天晚上就提前考虑好，的确可以避免第二天早上过于匆忙，但因为我的工作范畴并不涉及太多外景拍摄等需要早起的工作，所以一般都会当天早晨才开始考虑。大概因为我晚上会设计工作中需要用到的造型，因此不想临睡前还要继续思考自己的着装问题，这可能是我作为造型师冠冕堂皇的借口吧。

于是，这种生活习惯持续了很多年。在这期间不知从何时起，我养成了"一周三天用同一套基本款做搭配（以下简称'一周3 SET'）"的习惯。"一周3 SET"，指的是一套"简单的上衣 × 下装"的组合，我一周中一半的时间都可以坦然地穿着它们出门。

在匆忙的早晨，只要想到我还有"一周3 SET"，我就放心了，心情就随之轻松起来。因为，基本造型已经确定，只需要考虑一下搭配什么鞋子和包，冬天再加一个外套就能轻松完成。不仅节省了思考基本造型的时间，还提升了造型的时尚完成度。同时，很大程度上避免了手忙脚乱胡乱搭配一番就出门，然后一整天都郁郁寡欢的现象。

我最近的"一周3 SET"是基本款的藏青色圆领针织衫和黑色九

分裤。我尝试过各种各样的组合，最近最钟爱的就是这一套。大家可能会先入为主地认为"黑色 × 黑色"的组合更百搭，但是无论怎么改变配饰也难以改变一团黑的印象。另外，一般女性都有黑色的鞋子或外套，再搭配黑色的"一周 3 SET"，如果不考虑适当添加其他配饰，很容易给人留下过于朴素的印象。如果换成"藏青色 × 黑色"的组合，不仅可以与其他的配饰完美契合，与黑鞋或黑外套组合时也具有独特的韵味。

另外，我非常喜欢外套，所以黑色、藏青色、灰色、米色、黄褐色等几乎所有颜色的外套我都至少有一件，这款"藏青色 × 黑色"的组合适合搭配各种颜色的外套。你可以仔细观察一下自己的衣柜，如果你的外套大部分是灰色的，选择灰色针织衫即可，如果是米色的，米色针织衫也没问题。

"一周 3 SET"不仅可以让你轻松地走在时尚前沿，还可以帮助你找到属于自己的时尚风格。我认为，找到"一周可以穿三天的搭配"，拥有自己钟爱的时尚风格的人，比那些反复更换、口味日新月异的人，更接近"永不过时的时尚"。

针织衫 × 裤子造型
Coordinate
/051

想必一定会有熟人吐槽我，"'针织衫 × 裤子'真是村山的标配啊。""一周 3 SET"基础搭配均为基本款，所以我增添了佩斯利花纹围巾和格子花纹西装外套，呈现了双重花纹效果。

针织衫、裤子：Maison Margiela
西装外套：YLÈVE
围巾：SAINT LAURENT
手镯：CÉLINE
包：Drawer
鞋：GUCCI

64

/052

/053

　　"一周 3 SET"中的上衣我之所以选择针织衫，是因为就像这款造型一样，针织衫里面还可以套一件衣服，大幅提升造型的丰富度。

　　即使穿在身上，只会露出一点横条纹，但就是这一抹亮色才显得更加可爱。

———

针织衫、裤子：Maison Margiela
条纹上衣：SAINT JAMES　围巾：dosa
包：CÉLINE　墨镜：OLIVER PEOPLES
袜子：Fukuske　鞋：Church's

　　"一周 3 SET"十分百搭，与风格独特的外套也很合拍。例如搭配这款个性十足的机车夹克就是很好的案例。

　　九分裤可以增加透气感，因此即使造型中有很多黑色元素，但只要不显得过分沉重就可以了。

———

针织衫、裤子：Maison Margiela
夹克：BALENCIAGA　项链：no brand
包：Hervé Chapelier　丝巾：HERMÈS
鞋：MANOLO BLAHNIK

这是一款纯正的冬季假日造型。只要穿上靓丽的外套，整体造型就不会过于休闲。
我根据对纽约男性的印象打造了这款男性化风格造型。

———

针织衫、裤子：Maison Margiela
外套：CÉLINE
T恤：Ron Herman × FilMelange
针织帽：HYKE　包：GRANITE GEAR
手镯：HERMÈS　鞋：CONVERSE

这款造型我在针织衫里面穿了一件藏青底带利伯缇碎花图案的衬衫。外套、包和鞋均为藏青色，突出强调了花纹图案。
想要转换心情的时候，可以选择这款造型。

———

针织衫、裤子：Maison Margiela
夹克：CÉLINE　衬衫：HUMAN WOMAN
包：HERMÈS　鞋：PELLICO

用长围巾代替外套，随意地缠绕在
脖子上，再搭配"一周 3 SET"，是
我生活中最常用的固定穿搭。
我选择了裸色的包和鞋子以配合围
巾的颜色。白 T 恤也是这款造型中
不可或缺的配角。

针织衫、裤子：Maison Margiela
T 恤：SLOANE
围巾：Glen Prince
包：HOUSE OF LOTUS
手镯：CÉLINE
鞋：Repetto

我试着将格子围巾点缀在藏青色、黑色、白色等简单的配色造型中。

如果你也有一些十分喜爱但不知如何搭配的配饰，不妨尝试与"一周3 SET"搭配在一起，相信你一定会迷上这种尝试的。

针织衫、裤子：Maison Margiela
外套：STELLA McCARTNEY
围巾：NIMNIMDUAI　　手表：ROLEX
包：L.L.Bean
袜子：Fukuske　　鞋：J.M. WESTON

"一周3 SET"的基础造型为"藏青色 × 黑色"，因此即使搭配休闲风的外套和帆布鞋，整体风格也不会显得过于休闲。

冬季可以将外套替换为羽绒服，总之，天气越冷，"一周3 SET"出场的机会就越多。

针织衫、裤子：Maison Margiela
夹克：HYKE　　墨镜：OLIVER PEOPLES
丝巾：MARGARET HOWELL
包：HERMÈS　　鞋：CONVERSE

/059

/060

穿上天蓝色的束腰夹克可以让人心情愉悦，它搭配"一周3 SET"是我雨天经常会选择的造型。由于非常爱惜鞋子，所以我在雨天不会穿皮鞋。为了与九分裤搭配我选择了这款低帮雨靴。

风衣太适合与"一周3 SET"搭配了。只搭配风衣就很好看，不过这款造型在风衣里面又套了一件牛仔夹克。这样的造型一定要搭配白色的帆布鞋。我觉得即使我变成老奶奶，它在我最想穿的穿搭中依然可以排在首位。

针织衫、裤子：Maison Margiela
束腰夹克：patagonia
包：Hervé Chapelier
围巾：ADORE **鞋：**Meduse

针织衫、裤子：Maison Margiela
外套：BURBERRY **牛仔夹克：**HYKE
包：HERMÈS **墨镜：**OLIVER PEOPLES
鞋：CONVERSE

灰色和藏青色并不是朴素的代名词

灰色和藏青色
Gray & navy

为了不让自己显得过于朴素，我精心设计了每一款造型。
我花费数年时间用钟爱的衣服填满了衣柜，
其中隐藏着一个秘密——
那就是我拥有数量不菲的灰色和藏青色服饰。

GRAY
▸ 围巾 : dosa
▸ 裙子、针织帽 : HYKE
▸ T恤 : DOUBLE RL
▸ 开衫 : Maison Margiela
▸ 裤子 : Miu Miu, STELLA McCARTNEY

NAVY
▸ 羽绒服 : PYRENEX
▸ 罗纹针织衫、牛仔裙、裤子 : DRIES VAN NOTEN
▸ 针织衫 : Maison Margiela
▸ 丝巾 : HERMÈS

通过色调和面料的搭配，让朴素的颜色焕彩生辉

在本章中我用灰色和藏青色服饰各设计了 5 款单色造型。虽然我说"灰色和藏青色并不是朴素的代名词"，不过在喜欢华丽服饰的人们看来，它们仍然是当之无愧的朴素款式吧。不过我要事先说明一下，我所谓的"不朴素"并不意味着要向"华丽"一方靠拢。

虽然现在我的衣柜中大部分都是基础色系的服饰，但以前我更喜欢购买鲜艳颜色的衣服。不过，我最终穿着最频繁、最长久的还是那些基础色系的衣服。在某个时刻，我终于认清了自己属于基础色系一派，不再勉强自己购买鲜艳颜色的衣服。从那之后，我开始追求自己喜欢的颜色了。

我最喜欢的颜色是灰色和藏青色。我并不特别喜欢其他颜色的衣服，也没必要为了充实衣柜而勉强购买，毕竟现有的其他颜色的衣服其实也不差，因此我所钟爱的灰色和藏青色衣服就越买越多。多年下来，衣柜中的灰色和藏青色衣服不断增加，这些衣服虽然乍一看很相似，但其实色调和面料都有微妙的差异。将这些有着微妙差异的衣服搭配在一起，产生了单色系搭配才能呈现出来的独特韵味，形成了一种更有深度的造型风格。这就是灰色和藏青色造型也可以不朴素的原因。

在了解了这个时尚法则后，你就不会再购买多余的衣服了。从而

我不只喜欢灰色和藏青色的衣服，鞋子和包也不乏这两种颜色。图中是我常穿的男鞋。

避免因为渴望拥有丰富多彩的衣柜而购买与自己品味大相径庭的服饰，结果一次都没有穿过。下一阶段，我们可以观察一下衣柜中陈列的衣服，了解自己同一色系的服饰具体缺少哪种色调和面料，避免重复购买。

虽然灰色和藏青色与其他颜色的契合度很高，但我特意在接下来的 10 款造型中没有加入点缀色，始终贯彻了单色调原则。取而代之，我选择了可以为单色调增加透气感的白色，和可以将单色调凝聚起来的黑色。我将这两种颜色作为亮点，打造了并不朴素的灰色和藏青色服装造型。

这款造型乍一看很朴素，穿上后就
会发现灰色的单色系造型具有独特
的韵味。
外套是偏白的混合灰色，针织衫为
深灰色，再加上灰色格子裤，呈现
出高雅的风格。
我想没有哪种华丽能胜过高雅吧？！

外套：CÉLINE
针织衫：Vince
裤子：Maison Margiela
眼镜：OLIVER PEOPLES
包：SEAFOLLY
鞋：J.M. WESTON

羊绒衫 × 羊毛裤子，搭配带光泽的
灰色羽绒服。
在需要穿羽绒服的季节，我还没看
到周围有全身穿藏青色衣服的人。
我选择了白色帆布鞋，瞬间为整个
造型增加了透气感。

羽绒服：PYRENEX
针织衫：Drawer
裤子：CÉLINE
包：HERMÉS
手表：Cartier
鞋：CONVERSE

063

这款造型包括浅灰色的开衫和木炭灰色的雅致风裤子。
灰色的有趣之处在于，即使同为灰色调，差异也很大。鞋子的颜色为与灰色十分相近的银色。

开衫：Maison Margiela
条纹上衣：SAINT JAMES
裤子：STELLA McCARTNEY　针织帽：HYKE
包、手镯：CÉLINE　鞋：JIL SANDER

064

这条黑色牛仔裤有些褪色，因此看起来很像木炭灰，胶底鞋为灰色的绒面革材质。
将喜欢的灰色单品搭配在一起后，打造了出乎意料的全新造型。

针织衫：Acne Studios　衬衫：THE IRON
牛仔裤：LEVI'S　围巾：Johnstons
墨镜：Ray-Ban
包：CHANEL　鞋：YOKO CHAN

/065

/066

用皮带和皮鞋为灰色休闲风造型增添几分正式感。
在颈部添加了另一种我最喜欢的颜色——藏青
色围巾。

灰色有一个缺点，如果搭配太多中规中矩的商
务风单品，就会显得老气。
因此这款造型添加了灰色的休闲风 T 恤和针织
裙，穿上外套也不显老气。

针织衫：SLOANE
裤子：MARGARET HOWELL
围巾：Johnstons　**腰带**：J&M DAVIDSON
手镯：HERMÈS　**包**：Hervé Chapelier
鞋：JIL SANDER

西装外套：YLÈVE　**T 恤**：DOUBLE RL
裙子：HYKE　**包**：CHANEL
围巾：ADORE
鞋：Gianvito Rossi

/067

/068

在我的认知中，穿黑套装会显得过于正式，因
此一般我都会选择藏青色。
当然，上装和下装都可以单独搭配，不过套装
造型更好看，因此平日里也不妨尝试一下。

从意识到自己并非黑色派开始，我衣柜中的藏
青色衣服就越来越多。
"双排扣外套 × 牛仔裙"是我从十多岁时就一
直很喜欢的组合。时至今日我依然会这么穿。

夹克、裤子：MARGARET HOWELL
针织衫：CÉLINE　围巾：dosa
包：LL.Bean　手镯：HERMÈS
袜子：Fukuske　鞋：JM.WESTON

外套：CÉLINE
衬衫、针织衫、牛仔裙：DRIES VAN NOTEN
包：BLAMINK　鞋：GUCCI

/069

/070

这条藏青色的裤子是丝绒面料的。
藏青色的色调变化没有灰色明显，如果你的藏青色衣服是丝绒或尼龙等具有光泽感的面料，会更容易打造单色系造型。
这款造型中还点缀了一条灰色围巾。

藏青色的绒面革机车夹克和针织连衣裙都是多年前购买的。
特意配上了长靴以全新的心情再次穿上它们。
格子围巾中的白色是这款造型的亮点。

外套、裤子：DRIES VAN NOTEN
针织衫：VONDEL　围巾：dosa
包：HERMÈS　鞋：CONVERSE

夹克：Theory　连衣裙：MM6
墨镜：OLIVER PEOPLES　包：CÉLINE
围巾：NIMNIMDUAI　鞋：Gianvito Rossi

越是冬天越是要穿白

冬日白
Winter white

时尚杂志中，"冬天要穿白色"的理念很常见。
我特别喜欢冬季的白色造型，
而且我也不会拘泥于某个特殊的日子，
它们就是我冬季的日常穿搭。

▸ 围巾：dosa
▸ 针织衫：CÉLINE
▸ 牛仔裤：
CITIZENS of HUMANITY
▸ 卫衣：ATON
▸ 鞋：CONVERSE

不必拘泥于面料的季节性，冬天也可以穿白色的夏款衣服

每当冬季来临，时尚杂志就会推出一系列"冬天要穿白色"的特辑，想必大家一定看见过类似的内容。这是我最喜欢的策划之一，我想在"永不过时的时尚"这个主题下，将它作为时尚法则再强调一次。

在冬天，不仅着装风格，就连心情也容易变得沉重，因此如果加入一些白色单品，就会显得格外亮丽。无论是自己穿着白色，还是仅仅看到其他人穿白色衣服，心情都会明朗起来。另外，即使不带入男性的视角，白色的羊毛和羊绒等有温暖感的面料，也会给人可爱的感觉。现在除了这些冬装面料外，棉布、亚麻布、帆布等夏装面料也不再拘泥于季节性，被逐渐应用到冬季造型中。同一款白色造型中搭配不同的面料，就不会显得单调，甚至还可以挑战全白色造型。

大家普遍认为白色是一种脏了之后特别显眼的颜色，但换一个角度来看，它是一种很容易处理的颜色。我家用的洗涤剂效果非常好，但如果不小心将彩色衣服弄脏还得要小心处理，而白色衣服只要用含有漂白剂的洗涤剂清洗一下就可以了。在p116"重要服饰的洗涤保养"中，介绍了一些我正在使用的、效果很好的洗涤剂，供读者参考。

不过，虽然我冬天喜欢穿白色衣服，却连一件白色外套都没有。准确地讲以前买过一些，但多年之前就处理掉了。到目前为止，我还

我家的爱猫——三花猫全身大部分都是白色的。

没找到一件合乎我心意的特别的白色外套。

我十分享受将藏青色或灰色等素色外套脱下，不经意地露出里面白色衣服的感觉。接下来的 10 款造型，在我的设想中搭配的都是深色外套。大家也可以一边阅读，一边想象着它们与自己现有的外套搭配起来的样子。

白色是一种同时兼具亮丽和女人味的颜色。
我的白色衣服大多是休闲风。
在藏青色外套下，冬装面料和夏装面料的单
品混搭在一起，在这款造型的映衬下，冬日
的天空仿佛都明亮起来了。

短外套：CÉLINE
条纹上衣：SAINT JAMES
裤子：DRIES VAN NOTEN
围巾：dosa　包：L.L.Bean
手镯：HERMÈS　腰带：J&M DAVIDSON
鞋：J.M. WESTON

/072

/073

白色羊绒长围巾是为了打造这款造型特意购买的。对我而言，它可以代替白色外套的存在。全身深色的造型中，添加一件白色单品，更显亮丽宜人。

我非常喜欢这件白色粗线针织衫，它是我无限回购的一款单品。
它和无季节性的白色牛仔裤搭配在一起构成了这款冬季全白造型。外套选择风衣或羽绒服均可。

针织衫：Theory　裤子：Miu Miu
围巾：dosa　包：J&M DAVIDSON
鞋：GUCCI

针织衫：CÉLINE　衬衫：THE IRON
牛仔裤：CITIZENS of HUMANITY
墨镜：OLIVER PEOPLES
包：CHANEL　鞋：CONVERSE

068 的造型中，双排扣外套下就是本款造型。高
领无袖针织衫下搭配白色高领衬衫。
这款造型只有手臂部分是白色的，将外套脱下
时能让人眼前一亮。

衬衫、针织衫、牛仔裙：DRIES VAN NOTEN
夹克：BALENCIAGA　手镯：CÉLINE
包：HERMÈS　鞋：MANOLO BLAHNIK

这条连体裤其实也是夏装，不过它好像更适合
冬天穿，我常常用它来搭配羊毛西装外套。
白 T 恤是"可以穿一整年的"，因此这款造型
中也有它的身影。

西装外套：YLÈVE　连体裤：APIECE APART
T 恤：rag & bone/JEAN　包：HERMÈS
围巾：Johnstons　手套：no brand
鞋：Maison Margiela

这是一款"长款针织衫 × 阔腿裤"的舒适假日风造型。
白色是一种在不经意间透出特别感的颜色，因此让这款亦刚亦柔的造型流露出十足的女人味。

针织衫：Maison Margiela
T 恤：JOURNAL STANDARD L'ESSAGE
裤子：ADEAM　围巾：Johnstons
手镯：HERMÈS　包：L.L.Bean
鞋：MANOLO BLAHNIK

虽然我常穿的灰色卫衣十分百搭，不过这款纯白色的连帽卫衣看起来更可爱！
如果要从本书 100 款造型中选出"最佳约会造型"，我就选这套。我果然非常喜欢白色休闲风。

卫衣：ATON　针织衫：Drawer
裙子：HYKE　墨镜：Ray-Ban
包：Hervé Chapelier　鞋：Church's

在这款造型中，冰灰色的连衣裙上套了一件粗线针织衫。超薄款的白色夏装搭配超厚款的白色冬装，这种面料的混搭就是我心目中的理想风格。另外，鞋和包我也都果断选择了白色。

针织衫：CÉLINE　连衣裙：dosa
手镯：HERMÈS　包：L.L.Bean
鞋：CONVERSE

虽然白色搭配深色的效果很好，但在冬季，米色与白色搭配同样很漂亮，也更具女性气息。
我特意将围巾留出较长的一段，使整体廓形具有纵向延伸感。

开衫：YLÈVE　针织衫：SLOANE
裤子：MARGARET HOWELL　围巾：dosa
包：HERMÈS　鞋：Maison Margiela

偏甜美风的短衫搭配黑色牛仔裤，丰富了简约风元素。
虽然短衫是夏装面料，不过里面加了一件高领针织衫，可以完美应对初冬的天气。
这款造型中，我在外面又套了一件风衣。

外套： BURBERRY
衬衫： dosa
针织衫： Drawer
牛仔裤： rag & bone/JEAN
手镯： CÉLINE
包： HERMÈS

再次回归『甜美风』

甜美风

Sweet taste

我虽然喜欢男性化造型，不过偶尔也想回归"甜美风"。
因为我的底色仍为"简约风"，
所以我选择了加布里埃·香奈儿（Coco Chanel）的造型
作为甜美风范本。

▶ 包：CHANEL
▶ 项链：无品牌

黑色是甜美风造型的主色调

通过对周围的观察我发现，女性的时尚观念越强，就会出现越明显的告别甜美风服饰的倾向。大家都会在某一时刻突然意识到，简约风的衣服更具"时尚感"。我就是其中的一员，因而对此很有发言权。

不过，虽然我喜欢简约风、基本款、男性化风格，但到底还是一名女性，所以也很喜欢可爱的物品。观察一下我的房间就会发现，有很多蕾丝桌布、玻璃器皿等甜美风杂物。另外，随着年龄的增长，如果只穿简约风的衣服，压迫感过强，反而显得老气。我认为越是成熟的女性，越需要偶尔打造一下甜美风。

虽说如此，但可能由于我已经告别甜美风许久，最近十分依赖简约风服饰所特有的时尚感，因此虽然有回归之心，但一开始还是感到有心无力。我的造型范本是加布里埃·香奈儿（Coco Chanel）。是的，我到底还是选择了帅气的甜美风，或者说是形式上的甜美风。作为已经告别甜美风的女性，我的服饰大半都是简约风的。如果我想要打造的形象，只是在简约风搭配中添加少量甜美风元素，回归甜美风的难度就会大大降低。

在将我心目中的甜美风形象付诸具体造型时，我选择了黑色作为主色调。如果你已经看过本书的前80款造型，应该了解我平时并不太喜欢穿黑色衣服。在思考甜美风造型时，我第一次发现，禁欲的黑

我看到可爱的东西也会忍不住买下，所以我的房间中有很多蕾丝
桌布、玻璃器皿等甜美风的杂物。

色比任何颜色都适合作为甜美风的主色调，这个结论十分出人意料。

　　在我看来，在擅长男性化风格的服装品牌中选择甜美风的衣服，
一般都不会出错。另外，如果你一直都钟爱甜美风，但对最近的造型
不甚满意，不妨试着暂时告别单纯的甜美风，尝试一下本书的造型。
这样你不仅可以改变对甜美风的理解，还能迅速提升时尚感。

甜美风造型
Coordinate
/081

如果你很久没买过甜美风服饰，推荐从这条
黑色荷叶裙开始回归。
这件领口带蕾丝边的短衫是十多年前买的。
香奈儿手提包和珍珠项链是二十多岁时买的。
这样看来，甜美风的单品保鲜期都很长啊。

外套：BURBERRY
针织衫：Theory　短衫：vintage
裙子：Maison Margiela
项链：无品牌　包：CHANEL
鞋：Christian Louboutin

/082 /083

女人可能从骨子里就喜欢穿连衣裙吧，上身后心情瞬间就不可思议地愉悦起来了。
甜美风的连衣裙搭配制服式夹克，完全相反的风格却意外地合拍。我的理想就是穿着这样的衣服度过平凡的每一天。

这款短衫是擅长简约风服饰的 tomas maier 与UNIQLO 联名推出的，也有白色款，不过我毫不犹豫地选择了黑色。
它与男性化风格的裤子搭配，增添了一丝令人愉悦的甜美气息。

夹克：HYKE　连衣裙：DRIES VAN NOTEN
包：HERMÈS　手镯：CÉLINE
鞋：Maison Margiela

短衫：UNIQLO × tomas maier
裤子：STELLA McCARTNEY　围巾：dosa
手镯：CÉLINE　包：CHANEL
鞋：YOKO CHAN

这款黑色棉布蕾丝短衫散发着克
制的甜美气息，是我非常喜欢的
一件单品。
在我告别甜美风时，衣柜中也会
常备一件黑色棉布蕾丝上衣。
下装搭配的是黑色男性化风格长
裤，上下均为黑色。

开衫：SLOANE
短衫：Ron Herman
裤子：HYRE
墨镜：OLIVER PEOPLES
手提包、手镯：HERMÈS
鞋：MANOLO BLAHNIK

/085

/086

只要有黑色的高领针织衫，就可以毫不犹豫地
将甜美风裙子穿起来。
这款造型利用粉米色裙子打造了赫本风。仔细
地回想一下，甜美的赫本风主色调正是黑色。

这款香奈儿的短外套，是十多年前我在夏威夷
的的一家商店买下的。
从那之后我一直很爱惜它，小心地穿着。
我一般都会将它与黑色牛仔裤搭配在一起。

针织衫：Maison Margiela
裙子：DRIES VAN NOTEN
外套：STELLA MCCARTNEY
手提包 HERMÈS　鞋：GUCCI

短外套：CHANEL　针织衫：SLOANE
牛仔裤：rag & bone/JEAN　项链：无品牌
皮包：HERMÈS　托特包：Down to Earth
鞋：Rupert Sanderson

/087　　　/088

在连衣裙上直接套一件卫衣，这款运动甜美风
造型就完成了。
实际上这条连衣裙原本是黑色的，但穿得太多
了就变成了藏青色。不过今后我还会继续穿下
去的！

———

卫衣：ATON　连衣裙：dosa
包：HERMÈS
围巾、鞋：SAINT LAURENT

在本章的 10 款造型中，这一款的甜美度最低。
一般这样的搭配我都会选择白 T 恤，但这款造
型中用了米色的蝴蝶结衬衫。
如果喜欢帅气一些的甜美风，推荐尝试这款
造型。

———

开衫：YLÈVE　衬衣：HUMAN WOMAN
牛仔裤：RED CARD　手镯、包：HERMÈS
丝巾：MARGARET HOWELL
鞋：MANOLO BLAHNIK

/089   /090

仔细观察就会发现这款连衣裙的胸前是一排排
低调的蕾丝花边。
这件 oversize 风衣虽然为男性化风格，但搭配
在这款造型中，却与往常的印象大不相同，营
造出了甜美的气质。

外套：BURBERRY
连衣裙、针织衫：Maison Margiela
墨镜：OLIVER PEOPLES
包：HERMÈS　鞋：Christian Louboutin

在甜美风造型中，绸缎面料的衣服不要选择过
于甜美的颜色，最好选择类似黄褐色这种男性
化的颜色。
搭配在 084 造型中出现过的长裤，"一件上装 ×
一件下装"的组合，构成了这款简约的造型。

短衫：BOUTIQUE TOKYO DRESS
裤子：HYKE　包：CHANEL
鞋：J.M.WESTON

无混搭，不时尚

混搭感
Mix taste

第10条法则是一条通用法则，
适用于前面所有的造型。
我认为，没有混搭感，
就不存在所谓"永不过时的时尚"。

▸夹克：green
▸连衣裙：Maison Margiela
▸棕色鞋：
CONVERSE×MHL.
▸黑色鞋：
Rupert Sanderson

没有混搭感就不存在"永不过时的时尚"

时尚杂志是以年龄和属性来定位目标读者群的，而我的主要工作就是为这些杂志服务。造型师的职责是，在这些杂志需求的风格范围内，根据规定的主题设计造型。有主题当然就有"法则（Rule）"。我从十六岁起决定成为造型师，十八岁进入造型师学校。作为单纯因为喜欢时尚才进入这一行的年轻人，我首先感受到的巨大冲击，就是必须根据一定的法则去设计造型，因为单纯凭借"很好看"的感觉，是无法开展工作的。

在每个月连续设计几十款造型的繁忙工作中，我逐渐意识到，如果不动脑筋，是设计不出好看的造型的。想象中又酷又帅地说"我纯粹在凭感觉做造型"的场景，在现实生活中是不存在的。不过我仔细观察周围的时尚达人们，发现大家都花了很多心思。年轻的时候固然穿什么都好看，但上了年纪后就需要动脑筋思考适合自己的着装法则了。

我平时都是根据规定好的法则搭配造型，从这本书开始才第一次确立了自己的法则。第十条法则是前面九条的集大成者，即"无混搭，不时尚"。实际上，本书中的100款造型都是根据这套法则设计出来的。

在时尚界中我们常常提到造型，只有一件衣服是穿不出时尚感的。很多件衣服，再加上很多件配饰才能组成造型。衣服是否好看关键取决于造型，而我认为"混搭感"是造型成功的关键。本书的第九条法则中提到的甜美简约风混搭就是极具代表性的例子。除此之外还有风格混搭、面料混搭等各种类型的混搭，混搭可以让造型呈现更好的效果。另外，如果掌握了混搭技巧，就无须处理旧衣服，只要将其与当季的流行元素结合就可以拥有全新的造型了。

　　只有掌握混搭的技巧才能掌握"永不过时的时尚"。正如读者接下来将要阅读的部分，实际上混搭技巧并不难。究竟简单到什么程度呢？就是我甚至有点担心，将自己耗费二十五年学到的造型技巧全都公开了，我接下来的工作不会有问题吧？！

Coordinate

/091

这款造型是由军装风套装，与
女人味十足的浅口高跟鞋和复
古风手提包混搭而成的。
选择与衣服风格相反的鞋子和
包，是呈现混搭感的一个简单
技巧。

衬衫、裤子：SERGE de bleu
开衫：SLOANE
包：HERMÈS
手镯：CÉLINE
鞋：MANOLO BLAHNIK

/092

/093

这款造型选择了藏青色套装、横条纹针织衫以及帆布鞋，是"商务风 × 休闲风"的混搭。
虽然这款造型也适合搭配休闲风手提包，不过我选择的是链条包，这样更具熟女气质。

——

西装外套、裤子：MARGARET HOWELL
条纹上衣：SAINT JAMES　　**手镯**：CÉLINE
包：CHANEL　**鞋**：CONVERSE

这款造型将男性化的工装裤、雅致风的短衫以及浅口高跟鞋混搭在一起。
工装裤的男性化风格较强，因此其他单品均为女性化风格，这样可以凸显混搭感。

——

衬衫：DRIES VAN NOTEN　　**裤子**：HYKE
夹克：Theory　**包、丝巾**：HERMÈS
鞋：PELLICO

094

095

清透性感的短衫搭配男性化风格的裤子，这是一款性别混搭造型。
不过不知为何男性朋友们反而觉得裤子比性感的短衫还要好看。

短衫：THE ROW　裤子：Maison Margiela
外套：STELLA McCARTNEY
腰带：J&M DAVIDSON　手镯：CÉLINE
包：HERMÈS　鞋：J.M. WESTON

这款造型是冬装面料与夏装面料的混搭。
粗线针织衫搭配亚麻布裙子，沉重碰撞轻盈，呈现出莫名的可爱效果。
这款造型适合季节交替时穿着。

针织衫：SLOANE　裙子：Deuxième Classe
眼镜：EYEVAN 7285　手镯：CÉLINE
包：BOTTEGA VENETA
鞋：JOSEPH CHEANEY

/096

/097

长裙搭配帆布鞋，是最简单的混搭造型之一。我选择的是匡威的高帮鞋，增加了休闲感，还可以给人留下精心打扮的印象。

这款造型是复古风的衣服与乐福鞋的混搭，相信时尚感很强的人已经无意识地穿在身上了。乐福鞋的作用是避免全身都是复古风，因此才能凸显时尚感。

———————

衬衫：RALPH LAUREN
裙子：DRIES VAN NOTEN　西装外套：YLÈVE
包：Hervé Chapelier　手镯：CÉLINE
鞋：CONVERSE

———————

针织衫：POLO RALPH LAUREN　T恤：Hanes
裤子：MARGARET HOWELL
包：Down to Earth　围巾：Glen Prince
腰带：J&M DAVIDSON　鞋：Porselli

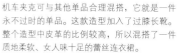

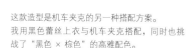

机车夹克可与其他单品合理混搭，它就是一件
永不过时的单品。这款造型加入了过膝长靴。
整个造型中皮革的比例较高，所以混搭了一件
质地柔软、女人味十足的蕾丝连衣裙。

夹克：BALENCIAGA
连衣裙：Maison Margiela
T恤：Ron Herman × FilMelange
项链：TIFFANY &Co.
包：HERMÈS　鞋：Gianvito Rossi

这款造型是机车夹克的另一种搭配方案。
我用黑色蕾丝上衣与机车夹克搭配，同时也挑
战了"黑色 × 棕色"的高雅配色。

夹克：BALENCIAGA
短衫、裤子：Ron Herman
墨镜：OLIVER PEOPLES
项链：HARRY WINSTON
包：HOUSE OF LOTUS　鞋：MANOLO BLAHNIK

军装风夹克配上甜美风黑色
连衣裙是我最常见的混搭风
造型。
我喜欢休闲风和男性化风格。
所以这款十分简单的"甜美
风 × 简约风"混搭，是我个
人风格的延续。

夹克：green
连衣裙：dosa
包：CELINE
围巾：SAINT LAURENT
手镯：HERMES
鞋：Rupert Sanderson

永不过时的
时尚技巧

至此，你已经掌握了永不过时的时尚法则，

为了更好地应用这些法则，

我希望你再多了解一些时尚技巧。

接下来，我将从更显魅力的穿着技巧、重要服饰的洗涤保养、

尺码的选择和购买技巧等几个方面，

一一为你介绍我心目中的永不过时的时尚秘诀。

让基本款服饰更显魅力的穿着技巧

基本款服饰起源于男装，
应用一些技巧才能呈现更好的穿着效果

我在本书 Part 1 中提到过，基本款是我心目中永不过时的衣服。在穿着基本款服饰时应用一些技巧，可以让穿着效果更上一层楼。稍为夸张一点地说，这些技巧可以为衣服赋予灵魂。

特别是衬衫和西装外套等起源于男装的基本款服饰更是如此，因为这些衣服在设计上更适合体格强健的男性，他们穿上后自然就能将其撑起来。女性就需要应用一些技巧，如将衣领立起来，或将袖子挽起来，让衣服更好地呈现女性魅力。在杂志中将其称之为使衣服看起来更"自然"的技巧。

下面我就介绍一下在拍摄中，我将衬衫或西装外套穿在模特身上时，为了让衣服看起来更自然而经常使用的基本技巧。这几个技巧十分简单，早上穿衣时花上 30 秒就可以完成。即使后续衣服走样了也没关系，我会利用洗手间等处的镜子迅速地调整好。另外，针对适合不同鞋子的卷裤腿方式，以及穿男鞋时袜子的搭配方式等，我也提供了一些好用的技巧。希望这些技巧可以成为你着装的参考。

衬衫
Shirt

将衬衫的衣领立起来、袖子挽起来后看起来更自然。

另外，如需将下摆塞入腰间，不可太紧绷，松松垮垮才好看。

衣领

 **1**

 **2**

按照自己的喜好或衬衫的款式，散开最上面的 1～2 颗纽扣。将衣领后部立起来。

一边看着镜子，一边调整衣领前部将其放平。衣领后部会随着时间的流逝自然塌下，这样看起来更自然。

袖子

 **1**

 **2**

 **3**

解开袖口的纽扣，将袖口翻折上去，宽度约为 15cm。

将翻折后的袖口在中间位置再次翻折，将翻折部分卷成双层。

将一侧的袖叉塞到里面不让其不外露。只留一侧的袖叉是产生自然感的关键。

塞入下摆

 **1**

 **2**

 **3**

首先将衬衫下摆完整地塞到裤子内，系好腰带。

将塞好的衬衫前身轻轻地拉出来一些，掩盖住腰线。

前身调整好后，将后身也轻轻地拉出来一些。这样抬高手臂时就不会感觉太紧绷。

西装外套

Jacket

基本上与衬衫相同，需要在衣领和袖子上多下一些功夫。

本技巧也适用于风衣和夹克。

衣领

将后面的衣领立起来。

为了让衣领的前部看起来更立体，轻轻地用手整理一下。

袖子

西装外套的处理方式与衬衫不同，不需要先翻折，第一步是用力将袖子撸上去。

袖口撸上去后再翻折 3cm 左右。翻折的目的是防止滑落。

完成

在镜子前确认一下保持整体协调，根据整体效果也可以将衣领前面的部分立起来。

如果系上扣子整体效果更好，请系上一个扣子，并调整衣领前部。

足部
Foot

在穿着男鞋、帆布鞋、芭蕾鞋等平底鞋时，
牛仔裤卷裤脚的方式和袜子的搭配各有不同的技巧。

牛仔裤卷裤脚

为了穿着美观，可以将卷裤脚或不卷裤脚均可的牛仔裤修剪至能够盖住脚踝的长度。

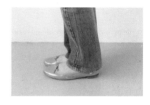  

芭蕾鞋	帆布鞋	男鞋
↓	↓	↓
不卷裤腿	卷一次	卷两次

穿芭蕾鞋或浅口平底鞋等露脚背的鞋子时，不需要卷裤脚。

卷裤脚可以增加透气感。只卷一次看起来不会过于休闲。

在穿乐福鞋或绑带鞋的时候，可以卷两次裤脚以露出脚踝，这样更能凸显女性美。

袜子的搭配

裙子搭配薄袜子，裤子搭配厚袜子，只要掌握这两点基本上就不会出错。

薄袜子

穿裙子搭配厚袜子有可能显得臃肿。薄袜子可以增加时尚感。

厚袜子

在九分裤和鞋子之间露出厚袜子，看起来更自然。搭配白色袜子可以增加透气感。

重要服饰的洗涤保养

有时我会根据自己的判断，
在家中清洗带干洗标志的衣服

为了延长钟爱的衣服或鞋子的寿命，精心的保养不可或缺。我搬家后一定会去考察附近的几家洗衣店，再从中选择洗涤效果最好的一家。

另外，有些只能干洗的衣服，无论多么喜欢都会因为怕麻烦而渐渐束之高阁。因为我可以对自己的衣服全权处理，所以我有时会根据自己的判断，自己在家中清洗一些有干洗标志的衬衫或薄针织衫。虽说如此，我当然不会把它们粗暴地丢进洗衣机或干洗机中。我几乎都是手洗，使用洗衣机时也会放入护洗袋内并使用精细洗涤模式。

我对皮鞋的钟爱，不亚于喜欢鞋子的男性，我会精心地保养后再穿着。如果当天早晨下起了雨，我是绝对不会穿皮鞋出去的，甚至连可能有雨的日子我也不会穿皮鞋，我还会用鞋油小心地处理鞋子上的污垢和划痕。另外，我的鞋子必须放入鞋楦后才精心保养收纳，因此它们至少都可以穿十年。

洗涤保养用品

Detergent & Tools

下面介绍一些在家中清洗衣服和鞋子时需要用到的洗涤剂和工具。

我会经常与擅长服饰保养的人交流，不断更新保养方式。

衣服

❶【ecover】精细衣服洗衣液主要用于清洗内衣。

❷【纯爱】液体漂白剂用于去除白衬衫衣领处的黄渍以及不小心沾上的污垢。

❸【THE LAUNDRESS】衣服喷雾剂可以去除在餐厅等地方吸附在外套或厚针织衫上的气味。

❹【净JOE】粉末洗涤剂也可用于彩色衣服，不过我主要用它来洗涤白色衣服。用它浸泡衣服后污垢会奇迹般地浮上来。

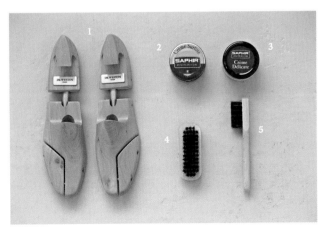

鞋

❶鞋内必须放置鞋楦，这样能够让集中在鞋面处的褶皱舒展开来，有效地延长鞋子的穿着寿命。

❷❸【莎菲雅(SAPHIR)】鞋油源自法国，主要用于清洗皮鞋和皮包。可以有效地去除污垢，修复损伤。

❹❺鞋刷有不同的型号，需要区别使用。清洁整体时使用大号鞋刷，处理细节时使用小号鞋刷。

首饰搭配需画龙点睛

首饰具有画龙点睛的作用，
作为简约派，我推崇只用一件首饰的造型风格

服饰越简单，首饰起到的作用就越大。欧洲的女性会繁复而有序地佩戴很多件具有象征意义的首饰，显得明艳动人，我也非常向往那种风格。不过我在各个方面都喜欢做减法，在首饰方面同样是彻头彻尾的简约派。

我的首饰搭配技巧是"一件就够了"。因此一定要选择可以画龙点睛的首饰。在本书 Part 1 中用到过的一串珍珠项链、一颗钻石的项链、十字架项链，都是最好的示例。另外，手镯的存在感很强，同样可以起到画龙点睛的作用，因此，多年来我最常见的着装风格就是"简约的衣服搭配一个手镯"。

尽管我不喜欢佩戴叮当作响的首饰，但手镯对我而言具有特殊的意义，如果忘记佩戴手镯，我会一整天坐立不安。假日时出门哪怕路途再近，出门时也必须佩戴手镯。可能无论是喜欢繁复风格的人，还是我这样的简约派，都相信首饰是具有魔力的物品吧。

"白色宽松款衬衫 × 银手镯"，是我常用的搭配方案之一（上图）。这
款造型中用到的 HERMÈS 手镯（与下图左侧同款）是几年前买的，而同
样来自 HERMÈS 的锚链（Chaîne dAncre）则购于约二十年前。

围巾的佩戴与搭配

永不过时的围巾，
质地和质量尤为重要

在本书的 100 款造型中，围巾竟然登场了三十一次！看来我非常喜欢围巾，毕竟在大约三分之一的造型中我都用到了围巾。其中我最喜欢的是长款围巾，它们不仅可以御寒，还能为简单的造型增添一抹亮色，对我而言，围巾相当于首饰的替代品。在察觉到造型中可能缺少些什么的时候，我就会果断加入一条围巾。无论作为点缀色还是辅助色效果都很好。

要想围巾搭配得好看，关键就是将长款的围巾"松松地缠绕在颈部"。我将围巾分为厚款和薄款两种类型，分别介绍了几种我在杂志拍摄中常用的缠绕方法。

另外，我十分在意围巾的品质。一方面它与脸部直接接触，另一方面，围巾一般需要佩戴在其他衣服之上，面料的好坏一看便知。推荐选择一条不易受到时尚潮流影响的高品质基本款围巾，如果选择的围巾可以作为外套的替代品，相信它一定会成为永不过时的单品，活跃在你的日常造型中。

 1

 2

厚款围巾

缠绕方法 A

❶围巾在颈部绕一圈，调整一下
使左右两端的长度大致相同。
❷将两端系在一起，露出一端的
流苏，另一端则藏入结扣内。

 1

 2

缠绕方法 B

❶围巾挂在颈部，调整一下使左
右任意一端稍微长一些。
❷将较长的一段搭在另一侧的肩
膀上。佩戴后面积越大越优雅。

 1

 2

薄款围巾

缠绕方法 A

❶围巾挂在颈部，调整一下使左
右任意一端长一些。
❷拿起较长的一端，在颈部绕一
圈。要点是用来缠绕的一端要
留得长一些。

 1

 2

缠绕方法 B

❶围巾在颈部绕一圈，调整一下
使左右两端的长度大致相同。
❷左右两端系半结。完成后一侧
长一些，另一侧短一些，效果
更自然。

显年轻的尺码选择技巧

不要拘泥于合身的尺码，
稍微宽松些穿起来更显年轻

　　身材偏瘦的女性常常更喜欢穿小码衣服。女性如果能穿得进 S 码就会选择 S 码，穿得进 M 码就会选择 M 码，一般不会特意购买大码衣服。不过我认为成熟女性与年轻女性不同，选择稍微宽松一些的尺码比合身的尺码穿起来更显年轻。

　　特别是简单的上衣，我推荐大家买稍微宽松一些的尺码。例如右页这件 SAINT JAMES 的横条纹 T 恤，假如我适合穿 XXS 码的衣服，我也会选择穿 S 码。因为上了年纪后即使体重不变，体形也会发生改变，如果仍穿合身尺码的衣服，就会勾勒出身形，看起来反而显老。

　　另外，牛仔裤的品牌尺码不同，感觉也大不相同。所以，请亲自试穿后找出适合自己穿着的尺码。

我最近购买的 LEVI'S 501 vintage 牛仔裤是稍微宽松一些的 28 码。以前我也买过合身的 27 码，现在感觉这款稍微宽松一些的尺码穿着更舒服。

永不过时的服饰购买技巧

精心选择喜欢的衣服，
用永不过时的衣服充实衣柜

"如果有三件想买的衣服，就只挑其中一件果断买下来。"

这是我购买高档衣服时用于说服自己的借口。有赖于这个借口，我对真正喜欢的衣服会十分爱惜，甚至会穿着十年或二十年以上。与之相同，即便买一件T恤我也会精挑细选。这样我就不会因为一时冲动买下便宜衣服，然后马上抛到脑后了。

即便如此，每个季节我还是会认真地再次审视自己的衣柜，处理掉不会再穿的衣服。这样我就会清楚地知道下次需要买什么。我相信总有一天我的衣柜中会填满永不过时的衣服。

我成为独立造型师已经二十五年了，到目前为止我接触过大量的服装。因此而获得的经验是，我们需要从购买衣服时，就开始爱护每件衣服，珍惜每件衣服。

低价良品
Low-price

我在买低价服装时也会精挑细选，
下面介绍一下我经常穿着的四个品牌。

1. Hanes

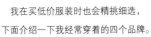

3. UNIQLO

2. MUJI

4. CONVERSE

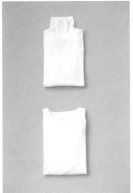

1	2	3	4
Hanes 的 PREMIUM Japan Fit T 恤。虽然这个系列的价格是普通两件装 T 恤的两倍，但多次清洗也不易变形。	我非常喜欢 MUJI 的高领和圆领的长袖白 T 恤。严冬时节它非常适合当作针织衫的内搭。我每年都会回购。	我会一次不落地关注优衣库与设计师合作推出的单品。左边这件是与 J.W. Anderson 联名，右边这件是与 Tomas Maier 联名推出的单品。	虽然匡威算不上"低价品"，不过它是我的衣柜中必不可少的一分子。匡威也是我无限回购的单品之一。

后记

epilogue

"村山，要出单行本图书吗？"

有一天（日本）集英社一位有着多年交情，很照顾我的领导突然向我发出邀请。虽然觉得这么好的机会来之不易，但我也没有立即答应。

我心目中的造型书籍，需要本人穿着好看的私服，露出灿烂的笑容，摆好姿势拍很多美照收录其中。但是，我深知自己的颜值和体形都很平凡，在主要为杂志服务的造型师之中，我也偏向于"专家形象"。因此我觉得自己真的写不出造型书籍。这就是我收到邀约的那一瞬间真实的想法。

在那之后我也并没有被说服，继续拍摄、租借衣服、讨论工作，匆忙的生活如常地继续着。

继续着我二十五年的造型师生涯平凡的每一天。

几个月后的一天早晨，我突发奇想，单行本可以突破杂志的桎梏。杂志是以年龄和属性划分读者群的，而我多年以来为所有年龄层的杂志设计过造型，因此我非常适合提出具有普遍性的时尚建议。

于是，这本书就诞生了。

在此次设计 100 款造型时，我再次认识到了我非常喜欢造型师这个职业的事实。今后我也希望自己能继续以内行人的立场，提出更多的造型建议。

最后衷心感谢这本书相关的工作人员，在整个团队的热情和不懈努力下，这本书才得以完成。

另外，衷心感谢大家买下本书并阅读到最后。如果这本书的内容能够为您提供哪怕一丝帮助，我都会感到无比荣幸。

村山佳世子

图书在版编目（CIP）数据

穿搭黄金法则：10条时尚法则，100种穿搭造型 /（日）村山佳世子著；赵百灵译. -- 海口：南海出版公司，2020.9（2024.2重印）

ISBN 978-7-5442-9882-7

Ⅰ.①穿… Ⅱ.①村… ②赵… Ⅲ.①服饰美学—基本知识 Ⅳ.①TS941.11

中国版本图书馆CIP数据核字(2020)第087576号

著作权合同登记号 图字：30-2019-160

TITLE：［ISSHO MONO NO OSHARE GA MINITSUKU 10 NO RULE 100 NO COORDINATION］

BY：［Kayoko Murayama］

Copyright © 2018 by Kayoko Murayama

All rights reserved.

First published in Japan in 2018 by SHUEISHA Inc., Tokyo.

Simplified Chinese translation rights in China arranged by SHUEISHA Inc. through NIPPAN IPS Co., Ltd.

本书由日本集英社授权北京书中缘图书有限公司出品并由南海出版公司在中国范围内独家出版本书中文简体字版本。

CHUAN DA HUANGJIN FAZE：10 TIAO SHISHANG FAZE，100 ZHONG CHUAN DA ZAOXING

穿搭黄金法则：10条时尚法则，100种穿搭造型

策划制作：北京书锦缘咨询有限公司
总 策 划：陈 庆
策 划：肖文静

作 者：［日］村山佳世子
译 者：赵百灵
责任编辑：雷珊珊
排版设计：王 青
出版发行：南海出版公司 电话：（0898）66568511（出版）（0898）65350227（发行）
社 址：海南省海口市海秀中路51号星华大厦五楼 邮编：570206
电子信箱：nhpublishing@163.com
经 销：新华书店
印 刷：昌昊伟业（天津）文化传媒有限公司
开 本：889毫米×1194毫米 1/32
印 张：4
字 数：78千
版 次：2020年9月第1版 2024年2月第6次印刷
书 号：ISBN 978-7-5442-9882-7
定 价：49.80元

南海版图书 版权所有 盗版必究